Nadine Konzok

Anwendbarkeit der Freinet-Pädagogik im Mathematik-unterricht

GRIN Verlag

Bibliografische Information der Deutschen Nationalbibliothek:

Die Deutsche Bibliothek verzeichnet diese Publikation in der Deutschen National-
bibliografie; detaillierte bibliografische Daten sind im Internet über http://dnb.d-
nb.de/ abrufbar.

Impressum:

Copyright © 2009 GRIN Verlag GmbH
Druck und Bindung: Books on Demand GmbH, Norderstedt Germany
ISBN: 978-3-640-76726-7

Dieses Buch bei GRIN:

http://www.grin.com/de/e-book/162310/anwendbarkeit-der-freinet-paedagogik-
im-mathematikunterricht

GRIN - Your knowledge has value

Der GRIN Verlag publiziert seit 1998 wissenschaftliche Arbeiten von Studenten, Hochschullehrern und anderen Akademikern als eBook und gedrucktes Buch. Die Verlagswebsite www.grin.com ist die ideale Plattform zur Veröffentlichung von Hausarbeiten, Abschlussarbeiten, wissenschaftlichen Aufsätzen, Dissertationen und Fachbüchern.

Besuchen Sie uns im Internet:

http://www.grin.com/

http://www.facebook.com/grincom

http://www.twitter.com/grin_com

Universität Potsdam
Institut für Mathematikdidaktik
Sommersemester 2009

Bachelorarbeit

Anwendbarkeit der Freinet-Pädagogik im Mathematikunterricht

Nadine Konzok

Potsdam, den 14 Aug. 2009

Inhalt

1 Ziel der Arbeit

Allzu oft hört man die Frage „Na, macht die Schule noch Spaß?". Als stünde fest, dass nach einer bestimmten Zeit die Schule keinen Spaß mehr macht und die Kinder nur noch hingehen, weil die Schulpflicht das verlangt, die Eltern das so wollen, oder man das eben muss. Warum aber sollte Schule keinen Spaß machen? Schließlich ist jeder Mensch von Natur aus neugierig und möchte so viel wie möglich wissen. Und in der Schule kann man etwas lernen. Wie also kommt dieser Widerspruch zustande?

Das Problem liegt im Zwang. Die Kinder und Jugendlichen können nicht das lernen, was sie interessiert, sondern sie sollen lernen, was im Lehrplan vorgesehen ist. Und auch das nicht selbstständig, sondern im Regelfall bekommen sie es von dem Lehrer erzählt. Erst erklärt er ihnen die Thematik, dann übt man sie zusammen und dann übt es jeder noch einmal für sich allein. Wenn dann am Abend die Eltern fragen, was die Kinder in der Schule gelernt haben, zucken diese häufig mit den Schultern.

Die Freinet-Pädagogik ist eine selbstbestimmende Pädagogik, die das Lernen in die Hände der Kinder gibt. Diese Arbeit soll zeigen, wie dieses Konzept bereits umgesetzt wird und dass es auch auf die Sekundarstufe angewendet werden kann. Dazu wird in Kapitel 2 erläutert, wie es dazu kam, dass eine solche reformpädagogische Richtung entstand und wie sie sich von einer kleinen französischen Dorfschule aus zu einer internationalen Bewegung entwickelte. Im darauffolgenden Kapitel werden die Techniken der Freinet-Pädagogik vorgestellt und gezeigt, wie und wo diese heute im Mathematikunterricht angewendet werden. Zur Frage, ob diese Unterrichtsweise auch in der Sekundarstufe sinnvoll wäre, beschäftigt sich die Arbeit erst einmal mit bereits vorhandenen Meinungen und Praxisbeispielen und gibt dann ein Anwendungsbeispiel zur möglichen Freiarbeit in der neunten Klasse.

2 Célestin Freinet und der Weg zur Reformpädagogik

Célestin Freinet selbst war sich keiner besonderen Befähigung bewusst, die ihn als Kopf des Ganzen prädestinieren könnte.[1] Und doch entstand eine Reformpädagogik, die mit seinem Namen in Verbindung steht und die nicht wie einige andere in Vergessenheit geriet, sondern heute stark diskutiert, vielseitig angewendet und weiterentwickelt wird.

---

[1] Vgl. Jörg, H. 1981, 19

Célestin Freinet wurde am 15. 10. 1896 als fünftes von acht Kindern einer kleinbäuerlichen Familie in Frankreich geboren. Schon als kleiner Junge half er bei der Landarbeit und entwickelte so seine tiefe Verbundenheit mit der Natur und dem einfachen Leben der Bauern, Hirten und Arbeiter seiner Heimat.

Als aufgeweckter und freiheitsliebender Schüler erlebte er seine Schulzeit, die ihm keinen Raum für freie Entfaltung gab, als Qual, was zu seiner späteren pädagogischen Sichtweise beigetragen hat.

Einen weiteren großen Einfluss auf seine spätere Unterrichtsweise hatte seine schwere Lungenverletzung, die er 1916 im Kriegsdienst erlitt. Nachdem vier Jahre Aufenthalte in Lazaretten und Sanatorien ihn nicht vollständig genesen ließen, nutzte Freinet die Naturheilkunde und schaffte es bis 1920 soweit gesund zu werden, dass er in der Lage war eine Stelle an der Grundschule Bar-sur-Loup anzunehmen.[2]

Auch wenn viele Autoren dem Einfluss dieser Kriegsverletzung auf seinen Unterricht nicht all zu viel Gewicht beimessen wollen[3], schrieb Freinet selbst dazu: „Wenn ich, wie so viele meiner Kollegen, einen genügend starken Atem gehabt hätte, um mit Stimme und Gestik die Passivität der Schüler zu überwinden, hätte ich mir eingeredet, dass meine Technik trotz allem annehmbar bliebe. Ich hätte weiter meine Stimme, das Hauptwerkzeug der traditionellen Schule, strapaziert, weshalb ich dann sehr früh mit meinen Erfahrungen am Ende gewesen wäre."[4]

Erkenntnisse über die Möglichkeiten, seine Vorgehensweise im Unterricht an seine Gesundheit anzupassen, erhielt er aus unterschiedlichen Quellen. Er las Montaigne, Rousseau und Pestalozzi und wurde ebenso in Ferrière („Tatenschule" bzw. „Praxis der Tatenschule") fündig. Nebenbei las er auch noch Werke von Lenin und Marx und kam zu dem Schluss, dass nur eine Zusammenarbeit vieler Gleichgesinnter zu einem Ziel führen kann. Er wollte die Pauk- und Buchschule reformieren und gleichzeitig beziehungsweise dadurch eine sozialistische Neuordnung der Gesellschaft erkämpfen und somit die Arbeiterklasse befreien.[5]

Besonders wichtig war ihm die Einführung einer einheitlichen Volksschule. Er machte mehrere Reisen nach Deutschland, wo er 1920 dabei war, als das Reichsgrundschulgesetz Kindern aller sozialer Schichten vom 6. bis zum 10. Lebensjahr die Schulpflicht auferlegte. Ebendies, nämlich allen Kindern unabhängig von dem sozialen Stand gleiche Ausbildungschancen zu bieten, war Freinets höchstes politisches Ziel. Weiterhin war er der Ansicht, dass die Interessen des Kindes im Mittelpunkt des Unterrichts stehen sollten. Die Aufgabe des Lehrers sollte es sein, den freien mündlichen, schriftlichen und künstlerischen Ausdruck des Kindes zu pflegen.[6]

---

[2]Vgl. Jörg, H. 1994, 93
[3] Vgl. z. B. Dietrich, I. 1995, 14
[4] Jörg, H. 1981, 19
[5]Vgl. Dietrich, I. 1995, 15
[6]Vgl. Jörg, H. 1994, 94f

Trotz umfangreicher Recherchen in der bereits vorhandenen Literatur anderer Reformer und der Teilnahme am Kongress in Montreux 1924, wo die Meister der Epoche Seite an Seite standen von Ferrière bis Pierre Bovet, von Claparède bis Cousinet und Coué, gelang es ihm nicht die Theorie in seiner Klasse in die Praxis umzusetzen. Er griff auf traditionelle Techniken zurück, die (so Freinet) für ein ermüdendes Klima sorgten, da der Unterricht ein einziges Wiederholen und Widerkäuen gewesen sei.[7] Erst mit dem Kauf seiner ersten kleinen Druckerpresse im gleichen Jahr konnte er den Schülern einen neuen Umgang mit Worten und Texten aufzeigen. Freinet machte die Erfahrung, dass der freie Text die Fähigkeit des Kindes zu denken und sich auszudrücken fördere und sie so in der Lage seien, eine Persönlichkeit aufgrund eigener Erfahrungen zu entwickeln. Er war selbst sehr überrascht, mit welcher Freude und Ausdauer die Kinder auf die Möglichkeit reagierten, Texte zu verfassen, in denen sie über sich selbst und ihre Erlebnisse berichten konnten, zumal der Umgang mit der Druckerpresse sehr mühselig war und nur sehr kleine Blätter zur Verfügung standen. Doch genau darin sah Freinet den entscheidenden Punkt. Die Arbeit mit freien Texten ermöglichte es den Schülern ihre eigenen Schriften zu verfassen und selbst zu entscheiden, worüber sie schreiben wollten. Zusätzlich baute er eine Verbindung zu einer Schule auf, an der ein Freund von ihm unterrichtete. Dieser führte in seiner Klasse ebenfalls das Drucken freier Texte ein und die Klassen schickten sich gegenseitig ihre Schriften. Durch diese Korrespondenz hatten die Schüler nie das Gefühl, ihre Arbeiten seien sinnlos.[8]

Freinet war zwar bereits in einer politischen Gewerkschaft aktiv, gründete jedoch 1924 die C.E.L. - Coopérative de l'Enseignement Laïc (Kooperative für das unabhängige weltliche Schulwesen) - eine pädagogische Gewerkschaft, die aus Lehrern bestand, die Freinet gleichgesinnt waren.
Freinet verkörperte immer beides, den politischen Kämpfer und den hingebungsvollen Lehrer. Er wehrte sich jedoch gegen den Missbrauch der Schule als politisches Instrument. Seiner Ansicht nach war er Pädagoge und kein Politiker. Er war der Meinung, wenn „die Politik in die Schule einzieht, zieht die Pädagogik aus". Bei allen Nachforschungen sei er nie von politischen Gesichtspunkten ausgegangen, sondern es gehe ihm um das Kind und nur um das Kind.[9]
Im darauffolgenden Jahr (1925) besuchte Freinet die 1923 gegründete „Einheits-Arbeitsschule" in der Sowjetunion und traf in Brüssel Maria Montessori.
Als er 1926 Élise Lagier-Bruno heiratete, hatte sich seine Schuldruck-Korrespondenz bereits auf neun Schulen ausgeweitet. Élise Freinet war ebenfalls Lehrerin und künstlerisch engagiert. Sie war Célestin bis zu seinem

---

[7] Vgl. Jörg, H. 1981, 21
[8] Vgl. Jörg, H. 1981, 25f
[9] Vgl. Jörg, H. 1981, 164

Tod eine treue Mitstreiterin, mit der er gern seine Ansichten diskutierte, da sie in Bezug auf die Aufgaben des Lehrers oft uneinig waren. Im Gegensatz zu ihrem Mann vertrat Élise durchaus die Meinung, dass der Lehrer Einfluss auf den Lernprozess der Schüler nehmen und diesen lenken müsse.[10]

Im Jahr 1927 fand der erste Kongress der C.E.L. in Tours statt. Mittlerweile hatte die Kooperative schon 41 Mitstreiter.

Bei seiner Reise zum Kongress nach Leipzig 1928 ließ Freinet all seine mitgebrachten Druckerpressen in Deutschland, da er dort auf großes Interesse für diese neue Möglichkeit der Unterrichtsgestaltung stieß. In diesem Jahr startete er eine Kampagne gegen Schulbücher. Er war der Meinung, dass der Gebrauch von Lehrbüchern dazu führe, dass Schüler lernen, blind dem geschriebenen Wort zu vertrauen. Weiterhin seien Lehrer durch ihren Gebrauch daran gewöhnt immer nach dem gleichen Schema zu unterrichten. Lehrbücher dienen also nur der Verdummung, so Freinet.[11]

Daher entwickelte er mit Hilfe der C.E.L. eigene Arbeitsmittel, nach Anregungen von Petersen, Dewey, Montessori und Decroly.

Da die wachsende pädagogische Bewegung die bestehende Schule immer offener in Frage stellte, entstand ein heftiger Konflikt mit der Schulbürokratie, der in der Suspendierung Freinets am 21. Juni. 1933 gipfelte.[12] Daraufhin baute er mit seiner Frau ein Landerziehungsheim in Vence bei Cannes auf, das 1935 öffnete. Diese Schule entstand nach dem Vorbild von Lietz und Paul Geheeb, dem Begründer der Odenwaldschule (1910). Sie lag inmitten der Natur und war ausgestattet mit Spielplätzen, Gärten, einem Schwimmbecken, einer Werkstätte, etc. - also allem, was für die Verwirklichung der pädagogischen Ideale Freinets nötig war.[13]

Wegen kommunistischer Propaganda wurde Célestin Freinet 1940 festgenommen und eineinhalb Jahre in verschiedenen Internierungslagern festgehalten. Während dieser Zeit musste die Schule geschlossen werden. Freinet hielt sich auch nach seiner Freilassung noch bis 1944 versteckt, um nicht wieder eingesperrt zu werden. In dieser Zeit verfasste er seine Hauptschriften, die dann nach dem Krieg veröffentlicht wurden.[14] Freinets Arbeiten spiegeln seine Aufgeschlossenheit und Vielseitigkeit wider. Zwar setzte er sich viel mit seinen Grundtechniken (Drucken, Selbstkorrektur, Korrespondenz, Arbeitsplanung,...) und ihren Verbesserungen auseinander, aber auch die für die Zeit jeweils neuen Technologien prüfte er auf ihre Tauglichkeit für einen aktiven Umgang in der Schule (z.B. Schalplatten, Radio,...).[15]

---

[10] Vgl. Barre, M. 1990
[11] Vgl. Freinet, E. 1972
[12] Vgl. Hecker, U. 1996
[13] Vgl. Jörg, H. 1994, 98
[14] Vgl. Schlemminger, G. 2002, 41
[15] Vgl. Schlemminger, G. 2002, 20

Nach dem Krieg bemühte Freinet sich, die pädagogische Bewegung wieder aufzubauen, vorrangig durch Veröffentlichungen (1946 „L'École modern Française"), aber auch durch die Gründung der I.C.E.M. (Kooperatives Institut für die Moderne Schule), welche die Aufgabe hatte, die Arbeit der in den einzelnen Departements Frankreichs wiederbeginnenden Aktivität von Freinet-Gruppen zu unterstützen und zu koordinieren.[16]

1957 wurde die Internationale Vereinigung der Freinet-Bewegung (F.I.M.E.M.) gegründet, die ihren Sitz in Cannes hatte und als Verbindungsorganisation der in mittlerweile über 40 Ländern vertretenen Freinet-Gruppen fungierte.

Am 8. Oktober. 1966 starb Célestin Freinet. Er hinterließ eine Theorie basierend auf Techniken, von denen er sich erhoffte, dass andere Pädagogen sie weiterentwickeln würden, denn (so Freinet) „[d]ie ‚moderne Schule' ist weder eine Kapelle noch ein mehr oder weniger geschlossener Klub, aber eine Baustelle, auf der alles entstehen wird, was wir alle gemeinsam dort bauen werden."[17]

3 Theoretische Grundlagen der Freinet-Pädagogik

3.1 Techniken der Freinet-Pädagogik

Die Freinet-Pädagogik basiert auf dem Grundsatz der Freiheit und Emanzipation. Sie fordert einen Unterricht, der so angelegt ist, dass er von schulischen Strukturen befreit, die die Persönlichkeit der Individuen unterdrückt. Dies beinhaltet zum einen, dass Regeln und Normen nicht vom Lehrer sondern von der Klasse festgelegt und durchgesetzt werden und zum anderen die Befreiung von vorgeschriebenen Bildungsinhalten und Vermittlungsformen, in denen der Lehrende Wissen an die Lernenden weitergibt.[18] Die Freinet-Pädagogik ist dabei keine festgeschriebene Methode. Sie beruht auf vier Prinzipien, die durch verschiedene Techniken umgesetzt werden. Diese Techniken können dabei den jeweiligen Gegebenheiten angepasst werden.

Diese vier Prinzipien sind:

1. Freie Entfaltung der Persönlichkeit
2. Kritische Auseinandersetzung mit der Umwelt
3. Selbstverantwortung des Kindes
4. Kooperative Arbeit und gegenseitige Verantwortlichkeit

---

[16] Vgl. Jörg, H. 1981, 143
[17] Jörg, H. 1981, 39
[18] Vgl. Riemer, M. 2005, 221

Die *freie Entfaltung der Persönlichkeit* fördern heißt, dem Schüler ihr naturgegebenes Bedürfnis sich mitzuteilen im Unterricht zu ermöglichen. Dieses kann beispielsweise schriftlich in freien Texten, im künstlerischen Bereich durch Zeichnen oder Basteln sowie mündlich (z.b. in einem Klassenrat) geschehen.[19] Der Klassenrat ist eine Versammlung aller Kinder in der Klasse, bei der es darum geht, das Lernen und Leben in der Gemeinschaft zu organisieren. Dabei werden Regeln festgelegt, Konflikte gelöst, Bilanz gezogen und Pläne aufgestellt.[20]

Bei der *kritischen Auseinandersetzung mit der Umwelt* gilt es die Verbindung zwischen Schule und Alltag herzustellen. Dabei führte Freinet den Begriff „tastendes Versuchen" ein. Damit ist das forschende Verhalten angesichts einer Fragestellung gemeint. Diese kommt dabei von den Schülern und knüpft somit an ihr individuelles Alltagswissen und Erfahrungen an, was ausschlaggebend für die Motivation der Schüler ist. Bei Freinet wird die Antwort jedoch nicht durch den Lehrer gegeben, sondern wird von den Lernenden selbst bearbeitet. Freinet schrieb dazu: „So unendlich schwierig [...] es ist, die Kinder für irgendein festgelegtes Unterrichtsthema zu interessieren, so überraschend und leicht kann man ihnen Kenntnisse über eine Sache beibringen, der sie gerade besondere Anteilnahme entgegenbringen und deren Erörterung sie selbst dringend wünschen."[21] Theoretische Erklärungen durch den Lehrer folgen erst nach der eigenständigen Forschung. Sollte der Schüler also nicht selbst zum Ergebnis gekommen sein, so hat er sich doch eingangs allein (oder in der Gruppe) bemüht und kann so viel eher einen Bezug zur Lösung des Problems herstellen, auch wenn diese vielleicht von einem Klassenkameraden oder dem Lehrer gegeben wird. Der Schüler wird das Gelernte also mit eigenen Erfahrungen in Verbindung bringen und es somit besser verinnerlichen können. Laut Freinet bringt es nichts, dem Kind „totes Wissen" beizubringen. Er verglich dies mit dem Fahrradfahren, das man nicht erlernen könne, indem der Lehrer einem den genauen Aufbau des Fahrrades erklärt und man die Fachbegriffe auswendig lernt.[22] Freinet prägte den Begriff der natürlichen Methode. Er war der Ansicht, dass auch in der Schule umsetzbar sei, was bei einem Kleinkind zu beobachten ist. Dieses lernt die Sprache durch probieren. Dabei ist es nicht möglich, dem Kind solange das Reden zu verbieten, bis es perfekte Worte aussprechen kann, sondern es versucht vorher schon zu sprechen. Anders ausgedrückt, die Schüler lernen durch selbstständiges Probieren, eigene Fehler und Entdeckungen und auch dadurch, dass sie durch positive Reaktionen seitens des Lehrers unterstützt werden.

---

[19] Vgl. Baillet, D. 1999, 17ff
[20] Vgl. Daschke, T./ Hölzel, P. 2005, 31
[21] Hansen-Schaberg, I. 2002, 3
[22] Vgl. Ubbelhode, R. 2002, 179

Dem nächsten Prinzip liegt Freinets Ansicht, dass jedes Kind das Recht auf Individualität hat, zugrunde. Laut Freinet ist daher klar, dass nicht alle Schüler zur gleichen Zeit dieselbe Arbeit leisten können. Eines der Lernziele der Freinet-Pädagogik ist es, dass die Lernenden in der Lage sind, die eigene Situation einzuschätzen und die Arbeit den eigenen Maßstäben entsprechend zu organisieren.[23] Bei der Umsetzung dieses Lernziels im Unterricht helfen Arbeitspläne, die Matthias Riemer wie folgt definiert:

„Ein Arbeitsplan beschreibt verbindliche Vorgaben für Schüler, die eine Rahmenstruktur innerhalb einer Lernumgebung in einem bestimmten Zeitabschnitt schaffen."[24]

Dabei unterscheidet er einen allgemeinen und einen individuellen Arbeitsplan. Ein allgemeiner Arbeitsplan sorgt für ein einheitliches Basiswissen, während der individuelle mehr Raum für die eigene Arbeit der Schüler lässt. Dabei können sie sich ihre Ziele selbst wählen und frei forschen.

Wie stark der Arbeitsplan im Unterricht Anwendung findet und ob dann überwiegend der allgemeine oder der individuelle, hängt vom jeweiligen Lehrer, dem Unterrichtsfach und den Rahmenbedingungen ab.[25] So bedarf es zum Beispiel vieler Arbeitsmittel wie etwa Karteien zur Selbstkorrektur, einer Arbeitsbibliothek und ähnlichem mehr, um eine solche Freiarbeit zu ermöglichen.[26] Mögliche Arbeitsmittel werden unter 3.3 noch etwas genauer betrachtet.

Wie schon bei der Erläuterung des Klassenrates (s.o.) angedeutet, heißt *kooperative Arbeit und gegenseitige Verantwortlichkeit*, dass die Kinder lernen in der Gruppe zu agieren. Sie stellen die Regeln auf und setzen diese durch. Außerdem bekommen die Schüler ein Mitspracherecht an der Unterrichtsgestaltung. Der Lehrer übernimmt dabei eine partnerschaftliche Rolle. Freinet selbst schrieb, dass es ohne Disziplin und Autorität des Lehrers keinen Unterricht und keine Erziehung gäbe. Autorität gewinnt der Lehrer dabei nicht durch Maßregelung, sondern weil er Ansprechpartner ist und die Schüler motiviert. Disziplin ergibt sich aus einer kooperativen Arbeitsorganisation und einem moralischen Klima in der Klasse.[27] Mit diesem Prinzip verfolgt die Freinet-Pädagogik zwei wesentliche Ziele – zum einen die Demokratie im Unterricht erlebbar zu machen und zum anderen demokratisches Bewusstsein durch die Anwendung vielfältiger Mittel, Methoden und Strukturen zu fördern und zu stärken.[28]

---

[23] Vgl. Baillet, D. 1999, 23
[24] Riemer, M. 2005, 70
[25] Vgl. Riemer, M. 2005, 70f
[26] Vgl. Baillet, D. 1999, 24
[27] Vgl. Jörg, H. 1981, 40
[28] Vgl. Kovermann, B. 2002, 249

Diese vier Prinzipien spiegeln Freinets Leitmotiv wider: „Par la vie – pour la vie – par le travail" (Durch das Leben, für das Leben, durch die Arbeit).[29] Die moderne Schule nach Freinet stellt die Wechselbeziehung zwischen Individuum und Gruppe in den Vordergrund. Sie legt weniger Wert auf Quantität des Gelernten, sondern viel mehr auf Qualität. Dabei stimmt Freinet mit Rousseau überein, der sagte: „Die wichtigste und nützlichste Regel jeder Erziehung ist nicht: Zeit gewinnen, sondern Zeit verlieren."[30]

3.2 Die Freinet-Pädagogik im Mathematikunterricht

Für den Mathematikunterricht ist laut Freinet entscheidend, dass das mathematische Denken lebensbezogen erlebt wird. Er nennt dies die „Natürliche Rechenmethode". Auch hier soll auf Lehrbücher verzichtet werden. Stattdessen rät er zu Rechenkarteien mit Selbstkontrollmöglichkeit. Während die Lernschule den Kindern nur Regeln, Prinzipien und bereits festgelegte Gesetze vorlegt, führe die natürliche Methode zu normalen Erfahrungs- und Entdeckungsprozessen.[31]

Mathematikunterricht im Sinne der Freinet-Pädagogik möchte also ein natürliches Lernen auf eigenen Wegen ermöglichen, das vor allem durch die vom Schüler ausgehende, selbstgesteuerte Auseinandersetzung mit einem Thema geprägt ist (tastendes Versuchen). Das Einbringen eigener Aufgaben und Probleme gewährleistet den Alltagsbezug und den kreativen Umgang mit Mathematik.[32]

3.3 Die Umsetzung der Freinet-Pädagogik im Mathematikunterricht heute

„Die Freinet-Pädagogik lebt nicht von Idealvorstellungen, die erst nach völliger Umstrukturierung des Schulsystems möglich sind";[33] „sie ist kein geschlossenes System von Grundsätzen, Verfahrensweisen und Techniken, das nur unter bestimmten Voraussetzungen, in bestimmten Altersbereichen und unter Einhaltung erkannter Gesetzmäßigkeiten zur Anwendung kommen kann,"[34] „sondern sie kann vielmehr als „Ideen-Steinbruch" betrachtet [werden], aus dem sowohl ganze „Blöcke" als auch Einzel-Elemente entlehnt werden können, um den Unterricht in allen Schulformen [...] offener, lebensbezogener, schülerfreundlicher zu gestalten."[35]

---

[29] Vgl. Jörg, H. 1981, 169
[30] Vgl. Ubbelhode, R. 2002, 169
[31] Vgl. Jörg, H. 1981, 112f
[32] Vgl. Peschel, F. 2005, 154
[33] Baillet, D. 1999, 34
[34] Ubbelhode, R. 2002, 151
[35] Dietrich, I. 1995, 9

Dieser Aspekt ist wichtig, wenn man untersuchen möchte, wie die Freinet-Pädagogik heute im Mathematikunterricht zum Tragen kommt.

Dass Freinet im Gegensatz zu anderen Reformpädagogen keine fertig abgeschlossene Methode entwickelt hat, zeigt sich, wenn man Pädagogen nach der Freinet-Pädagogik fragt. Diese nennen dann diverse Techniken, die in der Regel weder im Rahmen der Freinet-Pädagogik selbst entwickelt wurden, noch eine Konstante der pädagogischen Arbeit nach Freinet sind. Sie haben sich vielmehr in Abhängigkeit von dem Fachgebiet und der gegebenen Möglichkeiten entwickelt.[36]

Für die Mathematik ist das von großer Bedeutung, da Freinet selbst der Umsetzbarkeit der Natürlichen Methode im Mathematikunterricht eher skeptisch gegenüber stand. Dennoch gab und gibt es Pädagogen, die wie von Freinet gewünscht an der Weiterentwicklung seiner Leitideen arbeiteten und immer noch arbeiten.

Als der große Altmeister der Natürlichen Methode kann der französische Pädagoge Paul Le Bohec, der noch im regen Austausch mit Freinet selbst stand, bezeichnet werden. Le Bohec hatte sich die Entwicklung der Natürlichen Methode in allen schulischen Bereichen zu seinem Lebenswerk gemacht und sich seit 1970 der Umsetzung dieser in der Mathematik gewidmet.[37] In seinem Buch „Verstehen heißt Wiederfinden" beschreibt er, wie er die Freien Texte Freinets auf den Mathematikunterricht angepasst hat. Er entwickelte die sogenannten „Erfinderrunden". Dabei arbeitete er mit zehn bis fünfzehn Schülern, die von ihm kleine Blöcke erhielten. Er forderte sie auf, mathematische Erfindungen zu Papier zu bringen und machte dabei keinerlei Einschränkung in Bezug auf Gestaltung oder Thema. Hinterher wählte Le Bohec sieben Erfindungen aus, die dann in der Gruppe besprochen wurden. Wichtig war, dass der „Erfinder" selbst sich erst ganz zum Schluss äußern durfte.[38]

Eine der ersten, die den Ansatz von Paul Le Bohec in Deutschland aufgegriffen hat, ist die Grundschulpädagogin Angela Glänzel. In ihrem Unterricht wendet sie viele Techniken an, die der Umsetzung der vier Prinzipien dienen, die sie aber auch den Rahmenbedingungen (Lehrplan, räumliche Gegebenheiten, u. a.) anpasst. Um für eine Lernumgebung zu sorgen, in den den Schülern die Arbeit mit der Mathematik mehr Spaß macht, rät sie zu einer Umgestaltung des Klassenraumes. Schon Freinet plädierte für die Aufhebung der festen Sitzordnung. Stattdessen sollen der Raum und die Tische je nach Bedarf nutzbar gemacht werden.

Bei Frau Glänzel gibt es Regale, Aushänge und Arbeitsecken (auch Ateliers genannt), die den Kindern ein reichhaltiges mathematisches Milieu bieten. So dient die Erfinderecke dem Sammeln der Erfindungen der Schüler, während in

---

[36] Vgl. Glänzel, H. 2002, 175
[37] Vgl. Glänzel, H. 2002, 183
[38] Vgl. Peschel, F. 2005, 155f

dem sogenannten Museum Fundstücke zu bestimmten Themen zusammengetragen werden, die vorher in der Besprechungsrunde gewürdigt wurden und den Schülern später Anregungen zum weiteren Arbeiten bieten. Das Forschungsatelier nutzen die Kinder um Untersuchungen nachzugehen, deren Ergebnisse sie dann ihren Mitschülern vorstellen, sodass diese wiederrum Fragen stellen können. Dadurch werden sowohl der „Entdecker" als auch seine Mitschüler zu weiteren Forschungen animiert. Das Atelier „Üben und Spielen" ermöglicht den Schülern, mathematische Spiele zu spielen oder Übungsmaterialien zu bearbeiten. Wichtig bei den Übungsmaterialien im Sinne von Freinet ist die Möglichkeit der Selbstkorrektur. Zum einen können die Schüler ihre Ergebnisse mit vorgegebenen Lösungen vergleichen[39] und zum anderen finden sie in den Heftern bei Frau Glänzel die Rubrik „So machen es die Großen", in der sie ihre Lösungswege mit den üblicherweise angewandten Verfahren vergleichen und entscheiden können, welcher Weg ihnen leichter fällt.[40]

Den Bezug zur Umwelt schafft Angela Glänzel mit der Alltags- bzw. „Ernstfall-Mathematik", bei der in der Klasse Projekte entstehen, „wie z. B. ein Klassenkaufladen, in dem die Kinder Nüsse und Rosinen für reale Geldbeträge kaufen können, die Klassenbank, in der Geld verwaltet wird, etc."[41]

Um trotz der eingeräumten Freiheiten Einfluss auf die Arbeit der Schüler zu nehmen, nutzt Frau Glänzel unterschiedliche Methoden. Zum einen bekommt jeder Schüler einen Arbeitsplan, auf dem er sein Vorhaben festhält und reflektiert, was er wirklich geschafft hat. Wird ein Themengebiet von einem Schüler dabei zu sehr vernachlässigt, weist sie ihn darauf hin und macht Vorschläge für die Planung der nächsten Stunden. Die mathematischen Erfindungen beeinflusst Angela Glänzel in dem Sinne, dass sie eine Auswahl trifft und andere Schüler bittet, sich mit ihrem Erfindungsdrang etwas zurückzuhalten, sodass nicht alle gleichzeitig an einer Entdeckung arbeiten. Dies ist möglich, da die Kinder innerhalb einer gewissen Zeitspanne ihre Leistung den Mitschülern vorstellen und die nächsten dann ihre Arbeit aufnehmen können. Desweiteren hat Frau Glänzel das Prinzip der „Diplome" eingeführt. Wenn sich die Schüler in einem Themengebiet sicher sind, können sie ein Arbeitsblatt bearbeiten und dafür die Bestätigung erhalten, dass sie nun z. B. „Meister des kleinen Einmaleins" sind.

Da die Notengebung ab der 5. Klasse verpflichtend ist und einige Eltern auch vorher schon darauf bestehen, gibt es in diesem System auch sogenannte Klassenarbeitsdiplome. Wann diese an der Reihe sind, sehen die Schüler auf ihrem Halbjahresplan und können sich dementsprechend darauf vorbereiten.[42]

---

[39] Vgl. Glänzel, H. 2002, 184ff
[40] Eigene Erfahrung aus der Hospitation vom 7. Mai. 2009
[41] Peschel, F. 2005, 162
[42] Vgl. Glänzel, H. 2002,187

In der Hospitation an der Grundschule am Barbarossaplatz am 7. Mai 2009 konnte ich miterleben, wie Frau Glänzel vorgeht, wenn die Schüler durch eigenständiges Forschen nicht zu einer Lösung kommen. Die Ausgangssituation war, dass mehrere Schüler an einem Diplom zur Bruchrechnung gescheitert waren, da eine Aufgabenstellung von ihnen verlangte, einen Bruch zwischen 1/2 und 1/3 zu finden. Frau Glänzel bot also an zu einer bestimmten Zeit vorn an der Tafel diese Aufgabe mit den Schülern, die das wollten, zu besprechen. Etwa 10 von 15 Schülern kamen dazu nach vorn, nahmen sich Stühle und reihten sich um die Tafel. Die Lehrerin schrieb die Aufgabe noch einmal an und fragte nach den Ideen der Schüler. Stück für Stück (mit einem kleinen Tipp von Frau Glänzel die Brüche doch einmal zu erweitern) erarbeitete sich die Gruppe die Ergebnisse. Daraufhin lösten sie noch ein paar Beispiele (die Schüler für sich oder zu zweit), die dann gleich besprochen wurden. Auch in dieser Sequenz ließ sich beobachten, dass die Schüler zum einen motiviert waren, da sie selbst auf das Problem gestoßen und somit an seiner Lösung interessiert waren und zum anderen, dass auch hier nicht der Lehrer den Schülern das Wissen lieferte, sondern lediglich als Berater tätig war.

Schon bei Angela Glänzel ist der Unterricht gelenkter als Paul Le Bohec ihn vorsieht. In den weiterführenden Schulen ist die Möglichkeit allein durch die Interessen der Kinder auf mathematische Inhalte zu kommen noch schwieriger als in der Grundschule. Von daher entstand in den letzten Jahren ein weiteres Unterrichtskonzept in der Freinet-Pädagogik – Kernideen und Rechenkonferenzen von Peter Gallin und Urs Ruf. Sie haben die Vorstellung, den Unterricht durch Auseinandersetzung mit zentralen Kernideen so zu gestalten, dass eine große methodische Offenheit herrscht, auch wenn der Inhalt bzw. das Thema und das Ziel feststehen. Dabei stellt der Lehrer seine Kernidee vor, indem er kurz das Stoffgebiet umreißt oder Impulse anspricht, die er als sinnvoll und motivierend erachtet. Aus der Idee wird dann im Gespräch mit den Schülern etwas Konkretes, woraus sich schließlich ein Arbeitsauftrag entwickelt. Den Lernenden bleibt es dann offen, ob sie allein oder in der Gruppe, mit oder ohne Lehrer arbeiten. Die Arbeit wiederum halten die Schüler in einem sogenannten „Reisetagebuch" fest. Dieses dient der Kommunikation unter den Schülern, aber auch als Feedback an den Lehrer, sodass dieser weiß, wo die Schüler stehen und welche Impulse er zur Weiterarbeit geben kann. Freinettypisch ist dabei der Gedanke, dass sich die Schüler erst dann einer allgemeingültigen Lösung, einer Regel, einem Algorithmus, einer Norm annähern können, wenn sie sich selbst mit dem Problem beschäftigt haben.
Ruf und Gallin beschreiben den Weg von der eigenen Forschung zum allgemeingültigen Weg in folgenden Phasen: Der Schüler durchläuft ihrer Ansicht nach die singuläre Phase des „Ich mache das so!" über die divergierende Phase, in der er fragt: „Wie machst du das?" zur regulären

Phase: „Das machen wir ab".[43] Deutlich wird, dass bei der Arbeit mit den „Rechenkonferenzen" die Prinzipien der freien Entfaltung der Persönlichkeit und die Selbstverantwortung zum Tragen kommen.

Entscheidend ist, dass nach Freinet zu arbeiten, nicht in erster Linie bedeutet, bestimmte Unterrichtstechniken anzuwenden, es bedeutet insbesondere, andere Beziehungen zu den Schülern herzustellen.[44] Vorrangig ist es also wichtig, den Geist der Lehrer, die Arbeitstechniken und das Leben in der Klasse zu verändern.[45] Nachdem am Beispiel von Angela Glänzel gezeigt wurde, wie gut Grundkonzepte der Freinet-Pädagogik schon in der Grundschule umgesetzt werden können, soll nun das nächste Kapitel untersuchen, ob die Umsetzung der freinetschen Grundgedanken auch in der Sekundarstufe möglich ist.

4 Umsetzbarkeit der Freinet-Pädagogik in der Sekundarstufe

4.1 Meinungen und Praxisbeispiele

Wie bereits erläutert beruht die Freinet-Pädagogik auf Prinzipien und Techniken. Wichtig ist zunächst die Frage, ob Freinets Grundsätze für alle Altersstufen gelten.

Die *freie Entfaltung der Persönlichkeit* ist in der Sekundarstufe ebenso bedeutend wie in der Grundschule. Dieses Prinzip fordert, dass den Kindern (Menschen) das Wort gegeben wird; also zum einen, dass sie lernen, sich mit ihrer Sprache auszudrücken, ihre Meinung und Gefühle zu äußern und zum anderen ihre inhaltlichen Interessen einzubringen.
Auch die „Großen" verfügen über Alltagswissen und Erfahrungen, an denen der Unterricht anknüpfen kann, statt nur systematisch zu belehren. Den Schülern sollte also auch in der Oberstufe ermöglicht werden, dass sie sich *kritisch mit der Umwelt auseinandersetzen*, also ihre eigenen Fragen stellen und bearbeiten und nicht die der Lehrer. Wie oben erläutert, können sie nur so einen Bezug zu dem Gelernten herstellen.[46]

Es ist entscheidend, die pädagogische Beziehung zu verändern. Dabei muss das übliche Schema durchbrochen werden, bei dem der Lehrer alles weiß und entscheidet. Es ist wichtig, dass die Schüler bei der Organisation, dem Inhalt und der Bewertung der Arbeit mitbestimmen können - nur so kann dem Prinzip der *Selbstverantwortung des Kindes* entsprochen werden. Allerdings muss ihnen der Lehrende verdeutlichen, dass Freiheit nur innerhalb des vorgegebenen Stunden- und Lehrplans möglich ist, dabei aber noch soviel

---

[43] Vgl. Peschel, F. 2005, 158
[44] Vgl. Baillet, D. 1999, 112
[45] Vgl. Jörg, H. 1994, 98
[46] Vgl. Ubbelhode, R. 2002, 152f

Freiraum bleibt, dass die Stunden so organisiert werden können, dass keine Langeweile sondern sogar Spaß aufkommen kann. Wichtig dafür ist ein vertrauensvolles Verhältnis innerhalb der Klasse und zum Lehrer. Dies den Schülern klar zu machen ist in der Sekundarstufe durchaus möglich, wenn nicht sogar dadurch erleichtert, dass die Schüler älter sind und besser verstehen können, welche Möglichkeiten sich ihnen dadurch öffnen.

Auch das Prinzip der *kooperativen Arbeit und gegenseitigen Verantwortung* ist für die Schüler der Sekundarstufe wichtig. Sie sollten lernen, in der Gruppe Regeln aufzustellen, Kritik zu äußern und anzunehmen, und auf Grundlage der Freiheit Verantwortung für die eigene Arbeit innerhalb der Gruppe zu übernehmen. Entscheidend dabei ist, dass sich Disziplinschwierigkeiten vorrangig gegen vorgegebene Ordnungen richten. Geben die Lernenden sich allerdings selbst eine Ordnung, deren Sinn sie also sehen, respektieren sie diese. Sinnvoll ist hierfür die Einführung eines Klassenrates, sodass die Arbeit zwar von den Schülern selbstbestimmt wird, aber immer in kollektiver Verbindlichkeit.[47] Auf diesem Wege erleben die Lernenden schon in der Schule in täglichen Situationen das, was das Funktionieren einer Demokratie ausmacht.[48]

Die freinetschen Prinzipien sind also altersunabhängig, ihre Techniken allerdings altersspezifisch umzusetzen und vor allem an die Gegebenheiten anzupassen.[49]

Welche Techniken umsetzbar sind und wie umfassend diese angewendet werden können, ist von einigen Voraussetzungen abhängig: Zuerst einmal von der Einstellung des Lehrers. Möchte dieser Freiarbeit in seinem Unterricht verwirklichen, so sollte er von diesem Verfahren überzeugt sein. Der entscheidende Schritt zur Veränderung der eigenen Vorstellungen von Unterricht besteht in dem Verzicht auf umfassende Kontrolle und methodische Lenkung des Unterrichts und dem Vertrauen in die Kinder.[50] Desweiteren stößt man bei der Einführung von Freiarbeit oft auf mangelndes Verständnis seitens der Eltern, Kollegen und Vorgesetzten. Dieser Skepsis kann durch umfassende Informationen entgegengesteuert werden. Dafür bieten sich Informationsblätter an, die die Arbeitsweise und Ziele verdeutlichen.[51]

Da die Umgestaltung des Klassenraums einen wichtigen Aspekt des freinetorientierten Unterrichts darstellt, ist es günstig, wenn ein fester Raum zur Verfügung steht, der zum Beispiel in einen Arbeits- und Erfahrungsraum für Mathematik umgewandelt werden kann. Es gibt nur wenige Beispiele von Schulen, die als Ganzes nach Freinet arbeiten und diese sind überwiegend Grundschulen. Vorherrschend arbeiten Freinet-Lehrer innerhalb einer Schule, in

---

[47] Vgl. Ubbelhode, R. 2002, 156
[48] Vgl. Jörg, H. 1994, 100
[49] Vgl. Ubbelhode, R. 2002, 154
[50] Vgl. Ubbelhode, R. 2002, 166
[51] Vgl. Baillet, D. 1999, 213

der um sie herum lehrerorientiert unterrichtet wird. Dabei bilden sich allerdings oft Gruppen von Gleichgesinnten.

Keiner der Freinet-Pädagogen, die in der Sekundarstufe an deutschen Schulen tätig sind, verzichtet vollkommen auf die lehrerzentrierten Stunden. Ein Beispiel für die durchgängige Freiarbeit, wie sie Frau Glänzel in der Grundschule durchführt gibt es nicht. Dabei schwankt der Anteil der freien Arbeitszeit von Lehrer zu Lehrer.

In der von Freinet-Kooperative ins Leben gerufenen Zeitschrift „Fragen und Versuchen" schreibt der Hauptschullehrer D. Müller über seine Vorgehensweise in einer 8. Klasse. Er hat die Aufteilung so gewählt, dass 40 % Klassenunterricht stattfindet und 60 % der Stunden dem individualisierten Arbeiten dienen. Die Freiarbeit wird über einen Wochenplan organisiert. Neben dem Klassenunterricht dient die freie Arbeit mit Arbeitsblättern, Leseaufträgen und Aufgaben aus Schulbüchern der Lehrplanabdeckung. Weiterhin gibt es Arbeitsgruppenangebote, die teilweise freiwillig, teilweise als Pflicht mit Wahlmöglichkeit angeboten werden. Und als drittes umfasst der Wochenplan Zeit für Arbeitsgruppen, in denen die Tätigkeit der Schüler nicht an Fächer gebunden ist.[52]

In Stadt-als-Schule in Berlin, das als Projekt begonnen hat und mittlerweile eine anerkannte Schule ist, die auch den Realschulabschluss vergeben darf, hat sich eine ganze Schule der Freien Arbeit verschrieben. Dort werden die Klassenstufen 9 und 10 unterrichtet. Besonderheit dieser Schule ist der Praxisbezug. Die Schüler wählen sich eigene Themen und erforschen diese. Allerdings findet die Forschung nicht im Klassenzimmer und auch nur bedingt in Büchern statt, sondern die Jugendlichen werden in Betrieben, Verwaltungen und sozialen bzw. kulturellen Einrichtungen tätig. Der Unterricht ist dabei in drei Bildungsbereiche unterteilt:

1. Praxislernprojekt: 16 Unterrichtsstunden pro Woche
   Tätigkeit, Erschließung, Definition und Bewältigung einer selbstständigen Aufgabe durch den Schüler; Dokumentation des Praxisprojekts
2. Kommunikation/ Deutsch: 4 Unterrichtsstunden pro Woche
   Themen und Projekte; Kommunikation, Kooperation, Präsentation
3. Fachliches und fachübergreifendes Lernen: 10 Unterrichtsstunde pro Woche
   Englisch, Mathematik, Wahlpflicht (z.B. Arbeitstechniken und PC, Deutsch, Fremdsprache, Technik und Werken, Mathematik und Naturwissenschaft)[53]

---

[52] Vgl. Baillet, D. 1999, 198
[53] Vgl. Uessler, W. 2005, 9 und Glänzel, H. 2002, 188ff

Schon diese beiden Beispiele zeigen, wie unterschiedlich die Umsetzung der Freinet-Pädagogik in der Sekundarstufe ist. Was jedoch allen Freinet-Lehrern gleich zu sein scheint, ist „die Bereitschaft, auf die Schüler einzugehen [...] und die Klasse nicht auf eine vom Lehrer vorbedachte Struktur festzulegen."[54] Im folgenden Kapitel soll nun veranschaulicht werden, wie ein Teil des Lehrplans für die Klassestufe 9/10 den freinetschen Prinzipien entsprechend unterrichtet werden könnte.

4.2 Umsetzbarkeit der Leitidee: Raum und Form aus dem Rahmenlehrplan Brandenburg für die Klasse 9/ 10

Da ich lediglich auf Erfahrungen aus den schulpraktischen Übungen (SPÜ) zurückgreifen kann, habe ich als Themengebiet „Raum und Formen" ausgewählt. Im letzten Semester haben wir in der SPÜ in diesem Gebiet zehn Unterrichtsstunden in einer neunten Klasse an einer Potsdamer Schule halten können. Auf der Grundlage dieser Erfahrung versuche ich in diesem Kapitel ein Konzept zu entwickeln, das die Vermittlung dieses Themengebiets nach freinetschen Standpunkt ermöglicht.

Der Unterricht soll wie von Freinet gedacht, die Selbstverantwortung der Schüler fördern. Dafür arbeitet der Lehrer begrenzt auf den Themenbereich „Raum und Formen" nach dem Prinzip der Freiarbeit. Wie im Lehrplan vorgesehen bietet es sich an, das Themengebiet in drei Bereiche zu gliedern – klassifizieren, zeichnen und berechnen von Köpern.
Zunächst wird der Klassenraum so umgewandelt, dass er sich für die Freiarbeit anbietet und den Schülern ein Gefühl von Veränderung vermittelt. Dafür werden drei Ecken des Raumes als Ateliers zum Arbeiten gestaltet. Ein Atelier dient dabei der Sammlung von Materialien für das Klassifizieren von Körpern. Die beiden anderen Arbeitsbereiche ermöglichen das Zeichnen und Bauen von Körpern und stellen Bücher und Arbeitsblätter zum Rechnen bereit. In der Mitte des Raumes bilden Tische eine große oder mehrere kleine Arbeitsflächen.
Jeder Schüler erhält einen Plan (siehe Anhang 2), auf dem steht, welche Aufgaben die Schüler zu bearbeiten haben. Die Reihenfolge der Bearbeitung soll dabei frei sein. Wie gut die Schüler vorankommen wird zum einen von ihnen selbst auf dem Arbeitsplan eingeschätzt und zum anderen vom Lehrer überprüft und schriftlich beurteilt. Zusatzaufgaben und Vorträge stehen den Schülern frei.
Für jeden Bereich müssen die Schüler Pflichtaufgaben erfüllen. Zur Klassifizierung gehören das Definieren von Körpern und ihren Eigenschaften sowie die Bearbeitung eines Arbeitsblattes. Unterschiedlich angelegte Aufgabenstellungen, ermöglichen die individuelle Arbeitsweise der Schüler. Ein

---

[54] Baillet, D. 1999, 114

Auftrag beinhaltet zum Beispiel das Ertasten von Körpern und die schriftliche Erläuterung, woran der Schüler die jeweilige Form erkannt hat. Eine andere Aufgabe fordert die Lernenden auf, sich mit Verpackungen zu beschäftigen. Sie sollen solche von zu Hause mitbringen und beschreiben, um welche Körper es sich handelt. Das Thema Verpackungen bietet als Zusatzaufgabe vielseitige Möglichkeiten zur Forschung. So könnten die Schüler beispielsweise erkunden, welche Köperformen aus welchem Grund als Verpackung für gewisse Produkte verwendet werden, was die Herstellung kostet oder Vorschläge für andere Verpackungsformen machen. Für die Schüler, die weniger Forschungsdrang verspüren, bietet das Arbeitsblatt Anhang 3 weitere Aufgaben zur Analyse von Körpern. Als Vortragsthemen angeboten werden: Köper und ihre Eigenschaften oder ein Vortrag zu einem Körper speziell (gut vorstellbar ist dabei zum Beispiel das Thema „Pyramiden").

Da im Rahmenlehrplan auf das skizzieren von Schrägbildern und zeichnen von Netzen Wert gelegt wird, sollen die Schüler jeden Köper in einem Zweitafelbild und einem Schrägbild darstellen. Oft ergeben sich Schwierigkeiten bei der Bestimmung der Mantelfläche von Kegel und Zylinder. Daher ist eine Pflichtaufgabe, das Basteln dieser beiden Köper. Als Zusatzaufgabe fordert der Lehrer die Klasse zu einem Wettbewerb zum Bau des interessantesten zusammengesetzten Köpers (z. B. Wer baut das schönste Haus?) auf.

Um die Aufgaben zum Rechnen lösen zu können, müssen sich die Schüler zunächst mit den jeweiligen Formeln auseinandersetzen. Dazu können sie sowohl bereitliegende Arbeitsblätter als auch Bücher nutzen. Aber auch Schülervorträge oder ein lehrerzentrierter Gruppenunterricht werden angeboten. Bei den Rechenaufgaben werden die Schüler zusätzlich aufgefordert eigene Aufgaben zu entwickeln. Diese Idee ist eine etwas abgewandelte Form der von Frau Glänzel in ihrem Unterricht verwendeten Rechengeschichten. Sie forderte ihre Schüler auf solche zu schreiben und konnte dabei feststellen, dass die Aufgaben, welche die Kinder sich dabei ausdachten zum einen den Bezug zu ihrem Leben und Erfahrungen herstellen und zum anderen der Lehrer einen Überblick bekommt, welche mathematischen Techniken von den Schülern schon gut beherrscht werden und wo eventuell Blockaden entstehen.[55]

Wie viel Zeit für die Bearbeitung dieses Themenbereichs eingeplant werden müsste, ist für mich auf Grund mangelnder Erfahrung schwer einzuschätzen. Hinzukommt, dass es stark davon abhängt, wie viele Stunden pro Woche zur Verfügung stehen und wie diese aufgeteilt sind, da in 45-Minuten-Blöcken sicher nicht allzu viel von den Schülern bearbeitet werden kann. Zusätzlich eingeplant werden sollten Gruppengespräche zu Unterrichtsbeginn oder am Ende der Stunden, in denen besprochen wird, wie weit die Schüler sind, wer den nächsten Vortrag hält, was für Probleme sich ergeben haben und ähnliches. Auf Grundlage solcher Gesprächsrunden mit den Schülern sollte das

---

[55] Vgl. Glänzel, H. 1992

Unterrichtskonzept dann weiter ihren Vorschlägen und Einwänden entsprechend verändert werden. Da die hier vorgelegten Ideen noch nicht praktisch von mir getestet wurden, steht außer Frage, dass noch einiges den Schülern und der Umgebung angepasst werden müsste. Doch bereits Freinet riet zum schrittweisen Vorgehen, da es nicht darum geht, mit einem Schlag eine ganze Vergangenheit hinter sich zu lassen, sondern man zunächst eine Sache versuchen und nur soviel auf einmal ändern soll, wie man sich selbst zutraut.[56] Mit einer guten materiellen Vorbereitung, sowie möglichst günstigen räumlichen und zeitlichen Gegebenheiten erscheint dieses Unterrichtskonzept durchaus umsetzbar. Wichtig ist dabei, dass der Lehrer den Schülern verdeutlicht, dass es sich um eine begrenzte Freiheit handelt, da Vorgaben aus dem Rahmenlehrplan bearbeitet werden müssen. Eine wichtige Basis sind also die Überzeugung des Lehrers von der Methode und das Vertrauen in seine Schüler.

5 Fazit und Schlussbemerkungen

Die Besonderheit der Freinet-Pädagogik liegt darin, dass tatsächlich mit kleinen Schritten begonnen werden kann, wie im Kapitel zuvor beschrieben. Es ist nicht nötig, die gesamte Unterrichtsweise auf einmal zu verändern, eine ganze Schule oder sogar das gesamte Schulsystem umzuordnen. Es ist eine Reformpädagogik von unten – eine, die von dem Lehrer ausgeht. Dabei steht jedoch kein Freinet-Lehrer allein. Es gibt Freinet-Kooperativen, die Materialien entwickeln und zur Verfügung stellen, für Kommunikation zwischen den Mitgliedern sorgen, z. B. durch die Zeitschrift „Fragen und Versuche", die 4-mal jährlich erscheint. Außerdem werden regelmäßig Treffen organisiert, bei denen es nicht nur um den Erfahrungsaustausch geht, sondern die Freinet-Interessierten auch selbst aktiv werden. Die Freinet-Pädagogen sind der Ansicht: „Wenn man wissen will, was sich beim Lernen der Kinder ereignet, ist es sinnvoll zu beobachten, wie sich Lernen bei uns Erwachsenen abspielt."[57] Die Arbeit der deutschen Freinet-Kooperativen zeigt, wie viel Interesse gerade heute an der Freinet-Pädagogik besteht. Zwei Beispiele sind der Freinet-Kooperative e.V. und der Arbeitskreis Schuldruckerei e.V.

Auch wenn die Freinet-Pädagogik bereits in der Sekundarstufe angelangt ist und die natürliche Methode im Mathematikunterricht Anwendung findet, gibt es noch viel Raum für tastende Versuche seitens der Lehrer. Die Freinet-Pädagogik zeigt einen Weg, der den Schülern die Chance gibt Spaß in der Schule zu haben – einer Schule, die das Lernen in die Hände ihrer Schüler gibt, sodass diese ihre Interessen einbringen können und die Neugierde wieder entdecken.

---

[56] Vgl. Baillet, D. 1999, 218
[57] Le Bohec, P. 1997, 21

Literaturverzeichnis

Monografien:

Baillet, D.: Freinet-praktisch. Beispiele und Berichte aus Grundschule und Sekundarstufe. Weinheim und Basel, 1999

Jörg, H.: Praxis der Freinet-Pädagogik. Paderborn, München, Wien, Zürich, 1981

Le Bohec, P.: Verstehen heißt Wiederfinden. Natürliche Methode und Mathematik. Bremen, 1997

Herausgeberwerke:

Daschke, T./ Hölzel, P.: Klassenrat. In: Riemer, M. (Hrsg.): Praxishilfen Freinet-Pädagogik. Bad Heilbrunn 2005, 31-43

Dietrich, I.: Freinet-Pädagogik heute. In: Dietrich, I. (Hrsg.):Handbuch Freinet-Pädagogik. Eine praxisbezogene Einführung. Weinheim und Basel 1995, 9-30

Glänzel, H.: Die „Natürliche (Lern-)Methode". In: Hansen-Schaberg, I. / Schonig, B. (Hrsg.): Basiswissen Pädagogik. Freinet-Pädagogik. Hohengehren 2002, 175-195

Hansen-Schaberg, I.: Praxis und Theorie der Freinet-Pädagogik. In: Hansen-Schaberg, I. / Schonig, B. (Hrsg.): Basiswissen Pädagogik. Freinet-Pädagogik. Hohengehren 2002, 1-8

Jörg, H.: Meine Begegnung mit Freinet und der Freinet-Pädagogik. In: Hellmich, A./ Teigeler, P.: Montessori-, Freinet-, Waldorfpädagogik. Weinheim und Basel 1994, 93-113

Kovermann, B.: Der Klassenrat: Demokratie mir Jugendlichen im Schulalltag vorbereiten. In: Hansen-Schaberg, I. / Schonig, B. (Hrsg.): Basiswissen Pädagogik. Freinet-Pädagogik. Hohengehren 2002, 249-279

Peschel, F.: Atelier Mathematik. In: Riemer, M. (Hrsg.): Praxishilfen Freinet-Pädagogik. Bad Heilbrunn 2005, 154-171

Riemer, M.: Der Arbeitsplan als prägendes Element des Alltags. In: Riemer, M. (Hrsg.): Praxishilfen Freinet-Pädagogik. Bad Heilbrunn 2005, 70-84

Riemer, M.: Freinetpädagogik unter der Perspektive einer vollständigen didaktischen Struktur. In: Riemer, M. (Hrsg.): Praxishilfen Freinet-Pädagogik. Bad Heilbrunn 2005, 220-252

Schlemminger, G.: Zur Biografie Célestin Freinets. In: Hansen-Schaberg, I. / Schonig, B. (Hrsg.): Basiswissen Pädagogik. Freinet-Pädagogik. Hohengehren 2002, 9-51

Ubbelhode, R.: Freinetpädagogik- erfolgreiche Praxis ohne Theorie?. In: Hansen-Schaberg, I. / Schonig, B. (Hrsg.): Basiswissen Pädagogik. Freinet-Pädagogik. Hohengehren 2002, 149-174

Aufsatz in Fachzeitschriften:

Glänzel, H.: Kinder erfinden Rechengeschichten oder der freie Ausdruck macht auch vor dem Mathe-Unterricht nicht halt: In: Fragen und Versuche. Zeitung der Pädagogik-Kooperative. Bremen 1992, Heft 61

Internetquellen:

Barre, M.: Der Beitrag von Elise Freinet zur Pädagogik der Ecole Moderne. In: Bulletin „Amis de Freinet" Nr. 54, 1990. Im Internet unter http://freinet.paed.com/freinet/ecf.php?action=ecfelfrbio1 [12.08.2009]

Freinet, E.: Schluss mit den Schulbüchern. Naissance d´une pédagogie populaire, Paris 1972 nachgedruckt in: Jochen Hering, Walter Hövel (Hrsg.) Immer noch der Zeit voraus. Kindheit, Schule und Gesellschaft aus dem Blickwinkel der Freinet-Pädagogik Reihe Moderne Schule, Pädagogik-Kooperative e.V., 1996.
Im Internet unter http://freinet.paed.com/freinet/ecf.php?action=ecfo4b [12.00.2009]

Hecker, U.: Biographie von Célestin Freinet. In: Neue Deutsche Schule, Essen 1996. Im Internet unter: http://freinet.paed.com/freinet/ecf.php?action=ecfcfrbio1 [12.08.2009]

Uessler, W.: Stadt-als-Schule Berlin. Konzeption 2005. Berlin 2005, 9
Im Internet unter http://www.stadt-als- schule.cidsnet.de/Material/ AeKonzeption1105.pdf [12.08.2009]

Arbeitsplan vom   bis

Raum und Formen

Name:

I.   Klassifizierung von Körpern

Pflicht: a) Tabelle: Körper und ihre Eigenschaften
              b) 1 Arbeitsblatt zu diesem Bereich bearbeiten

II. Zeichnen von Körpern

Pflicht: a) ein Zweitafelbild zu jedem Körper
              b) ein Schrägbild zu jedem Körper
              c) Zylinder und Kegel basteln

III. Rechnen

Pflicht: a) eine Aufgabenblatt zu jedem Köper

Zusatz:
In jedem Bereich findest du Zusatzaufgaben. Außerdem werden Vorträge zu unterschiedlichen Themen angeboten und du kannst auch selbst Themen vorschlagen.

Eigene Bewertung:
  I.   a)
       b)
       Zusatz:
  II. a)
       b)
       Zusatz:
  III. a)
       Zusatz:
Bewertung vom Lehrer:
  I.   a)
       b)
       Zusatz:
  II. a)
       b)
       Zusatz:
  III. a)
       Zusatz:

Anhang 2

Bestimme die Köper anhand ihrer Eigenschaften!

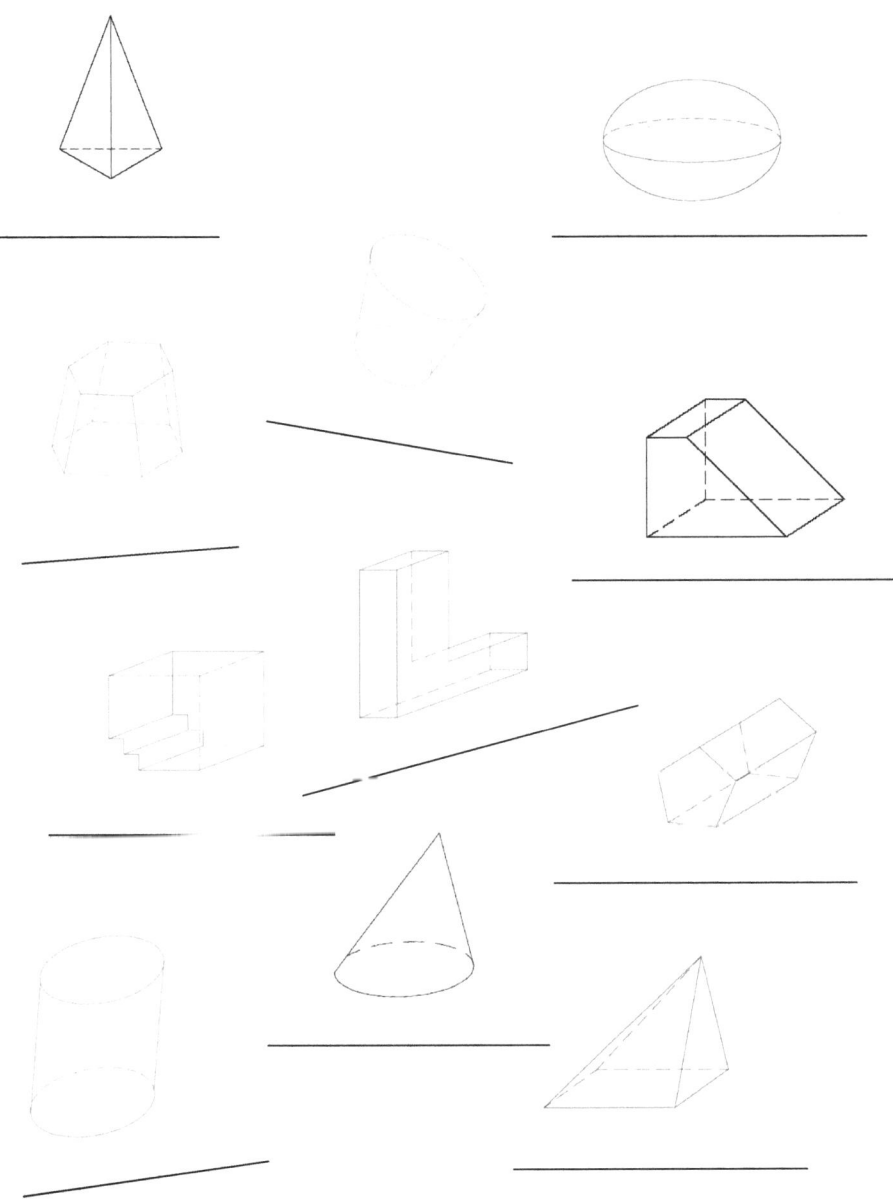

_____   _____

_____

_____

_____   _____

_____   _____

_____   _____

_____   _____